Alberta Mangutsch-Lindsberg

Unvergängliche Blütenpracht

Blumen aus Kreppapier

Frech-Verlag Stuttgart

Zeichnungen: Christa Jud
Fotos: Frech-Verlag GmbH + Co. Druck KG, 70499 Stuttgart
Dr. Peter Mangutsch, S. 19: Gerd Sallaberger

Auflage: 5. 4. 3. 2. | Letzte Zahlen maßgebend
Jahr: 1997 96 95 94

ISBN 3-7724-1685-3 · Best.-Nr. 1685
Druck: Frech-Verlag GmbH + Co. Druck KG, 70499 Stuttgart

Kaum einer vermag diesen blühenden Wundern zu widerstehen.

Von den Alten kommt die Weisheit,
lautet ein japanisches Sprichwort.

Und auch ich konnte von einer nunmehr Achtzigjährigen eine Kunst erlernen, die sonst womöglich aussterben würde – die Kunst der natürlichen Kreppapier-Blume.

Sie lehrte mich die Technik der Kornblume, Trollblume, Rose, Aster, Ringelblume, Pompondahlie, Mohnblume, Anemone,…

Kreppapier ist dafür ein wirklich faszinierend vielseitiges Material und dabei preiswert. Und wer einmal mit diesem farbenfrohen Hobby beginnt, kann sicher sein, daß durch die blühenden Wunder ein Quentchen mehr Glück in seine Stube einzieht!

Alberta Mangutsch

Material

Draht:
- Bindedraht, Stärke 0,8 mm, Länge 30 cm, fertig zugeschnitten (im Fachhandel erhältlich)
- sehr feiner, grüner Wickeldraht , Stärke 0,35 mm, auf einer kleinen Spule (siehe Abbildung rechts)

Scheren:
- eine kleine für genaue Arbeiten
- eine große für Blätter

Schneidbrett und Hobbymesser

Zangen:
- ein mittelgroßer Seitenschneider
- eine Flachzange

Klebstoff:
Am besten ist ein Klebestift geeignet.

Tip: So können Sie den Draht problemlos abwickeln – mit einer Zwinge am Tisch befestigt, erleichtert dieser Behelf die Arbeit.

Der Zuschnitt von Kreppapier für die Blumen

Kreppapier ist im Fachhandel in Normgröße erhältlich:
Höhe 50 cm, Breite 250 cm.
Das vielseitige Material ist dehn- und formbar – beachten Sie die Zugrichtung.

Es wäre unwirtschaftlich, die Blütenteile einzeln aus dem Bogen herauszuschneiden. Drücken Sie die Kreppapierrolle deshalb fest zusammen, und schneiden Sie die Streifen nacheinander herunter – als ob Sie ein Baguette zerschneiden würden (siehe Abbildung).
Zuerst schneiden Sie mit dem Hobbymesser 2 cm breite Scheiben von der grünen Rolle herunter; mit diesen Streifen werden später die Stengel umwickelt. Auf diese Weise schneiden Sie nach und nach alle Blätter und Blüten zu.

Tip:
Um rationell arbeiten zu können, sollten Sie stets einen Vorrat an diesen Kreppapierstreifen zur Hand haben.

Alle Maße aus einer Rollenbreite (250 cm):

Blumenart	Höhe in cm	Breite in cm	Blütenblätter	Stück
Anemone	5	18	8	13
Aster	9*	50	fortlaufend	5
Gerbera	13*	25	fortlaufend	10
Kornblume	10*	12	6	20
Margerite	10*	15,5	fortlaufend	16
Mohnblume	12	10	6	25
Pompondahlie	7	50	Bordüre	5
Ringelblume	9*	50	fortlaufend	5
Rose	6	30	10	8
Rosenknospe	12	12	–	20
Trollblume	5	15,5	8	16
Trollblume innen	12	3	–	83

* den Streifen der Höhe nach zusammenfalten = doppelt

Aufbau einer Blume

1. Die Blätter (S. 7)
2. Die Knospen (S. 8)
3. Blumenzentrum anfertigen (S. 10)
4. Stengeldraht anbringen (S. 10)
5. Blütenblätter anfertigen und drapieren (S. 12)
6. Mit feinem Wickeldraht fixieren (S.12)
7. Umwickeln des Stengels und Anbringen der Blätter (S. 11)

Das richtige Blattgrün

Als Grün für Stengel und Blätter verwenden Sie am besten gedämpftes Olivgrün.
Nehmen Sie ruhig ein Farbmuster mit ins Geschäft, damit Sie in der reichhaltigen Farbpalette Ihr Lieblingsgrün wiederfinden.
Deutsche und österreichische Ware ist nicht numeriert, das italienische Crespata ist leichter einzuordnen: Nr. 264 ist hier besonders zu empfehlen.

Zuschneiden der Blätter

Das große Vorbild Natur ist uns dabei behilflich; allzu bizarre Blätter sollten Sie jedoch stilisieren.
Stets muß die Papiermaserung in Längsrichtung verlaufen, wie die zwei senkrechten Markierungen der Zeichnungen andeuten.
Zuerst schneiden Sie von der Rolle jeweils die doppelte Blatthöhe ab.
Wenn Ihr Kreppapier-Streifen 22 cm hoch ist, können Sie daraus 11 cm lange Blätter arbeiten.

Zeichnung a

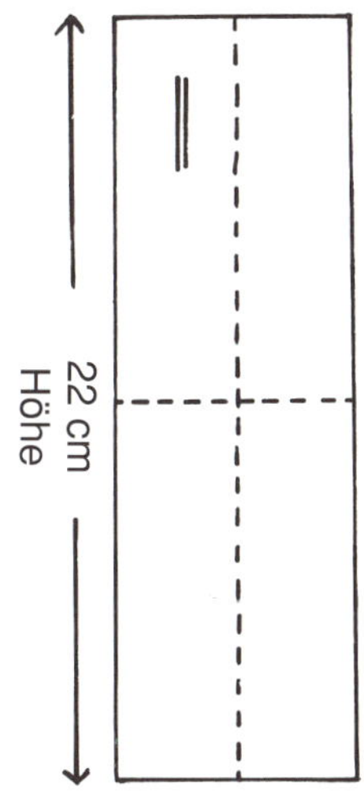

Die Blattbreite richtet sich nach der jeweiligen Blume.

Zeichnung b

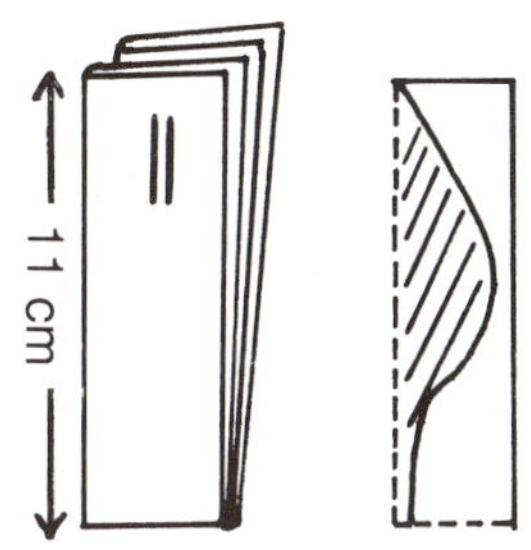

Nun von der offenen Seite her die gewünschte Blattform ausschneiden, die dann doppelt erscheint (Zeichnung b).

Mit der Scherenspitze oder dem Daumennagel deutet man die Blattnerven an.

Knospen

Ein Blumenstrauß ohne Knospen wäre nur halb so schön.

1. Knüllen Sie einfach ein Stück Kreppapier zusammen, etwa bis zur Größe einer Haselnuß. Die Oberseite sollte möglichst glatt sein.

2. Mit grünem Kreppapier (7 cm x 7 cm) überziehen und die so entstandene Knospe andrahten.
Umwickeln Sie den Stengel dann von oben nach unten mit grünem Band. Nach etwa 3 cm werden die obersten Blätter eingearbeitet (siehe Seite 11), und das Umwickeln wird fortgesetzt.

3. Zum Erblühen bringen Sie die Knospe, indem Sie sie an der Oberseite mit dem Seitenschneider oder einer Schere öffnen.

4. Die Herstellung von Knospen ist keine Hexerei, ihre Wirkung aber ist grandios!

Staubgefäße

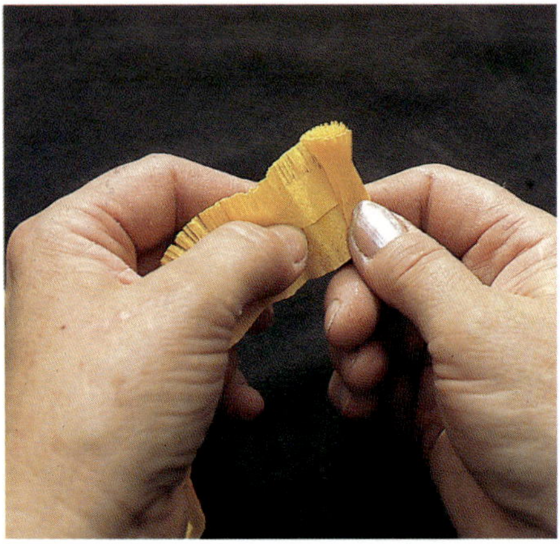

Einschneiden der Staubgefäße:
Von einem 5 cm hohen fortlaufenden Streifen klappen Sie $^{1}/_{3}$ herunter (siehe Margerite), legen ihn vierfach zusammen und schneiden ihn an der geschlossenen Kante in Abständen von 1 mm etwa 1 cm tief ein.
Pro Blume genügen im allgemeinen 10 cm.
Nach Bedarf flach oder leicht gewölbt einrollen.

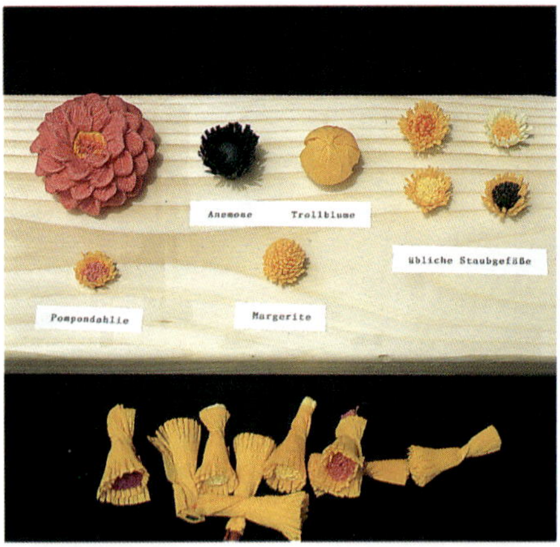

Farbwahl:
Besonders hübsch wirken dunkelbraune Staubgefäße mit hellbraunem oder gelbem, etwas vorstehendem Doppelrand.
Auch Gelb in verschiedenen Nuancen paßt zu fast jeder Blume.
Für Anemonen und Mohnblumen eignet sich Schwarz, für Pompondahlien blumeneigene Farben mit ebenfalls vorstehendem, gelbem Doppelrand.

Andrahten der Staubgefäße:
Halten Sie die Blütenbasis in der rechten Hand zwischen Daumen und Zeigefinger.
Den Draht legen Sie nun senkrecht zwischen rechten Zeigefinger und Blütenbasis und lassen ihn oben 1 cm darüber hinausstehen. Nun wickeln Sie den Draht mit der linken Hand zweimal um die Blütenbasis und drehen ihn mit dem überstehenden Ende mittels Flachzange zusammen.
Biegen Sie den damit gebildeten Stengel nach unten.

Umwickeln der Stengel

Verwenden Sie zum Umwickeln der Stengel möglichst ein etwa 2 cm breites Kreppband.

Auf die Blütenbasis wird zuerst etwas Klebstoff gegeben und das Band einige Male herumgewickelt.

Am Stengel halten Sie das Band leicht schräg. Wenn Sie den Draht mit der rechten Hand drehen, wickelt sich das Band wie von selbst auf.

Arbeiten Sie immer von oben nach unten; zum Schluß wird das Krepppapier mit etwas Klebstoff befestigt.

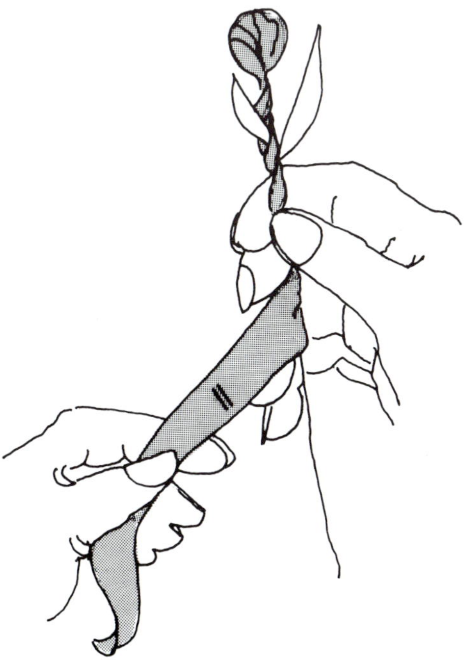

Blätter einarbeiten

Blätter können auf verschiedene Weise eingearbeitet werden.

Knospenblätter

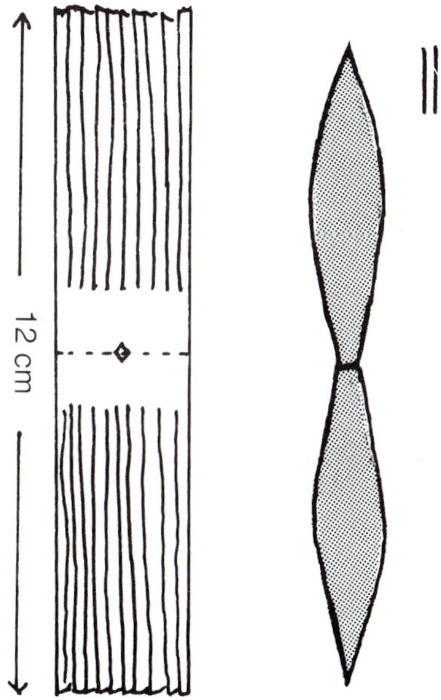

Doppelblatt

a. In gewünschter Höhe ein Doppelblatt unter den Stengel legen, einmal über den Draht kreuzweise legen und in das Band einarbeiten, mit dem Sie den Stengel umwickeln.

b. Ein Doppelblatt senkrecht ein Stück weit am Stengel mitwickeln, die eine Hälfte so heraufschlagen, daß die zwei Blätter versetzt stehen.

c. Das untere Ende eines einfach zugeschnittenen Blattes am Stengel mitwickeln, den oberen Teil hochschlagen und fixieren.

Margerite

Die Staubgefäße:
Für das Blütenzentrum benötigen Sie einen 18-20 cm langen, gelben Streifen, den Sie umbiegen und fein einschneiden.
Drehen Sie den Streifen leicht gewölbt ein, und drahten Sie ihn an.

Die Blüte:
Sie brauchen einen weißen, 15,5 cm (=$^1/_{16}$ der Rolle) langen und 10 cm hohen Streifen, den Sie einmal zusammenfalten, so daß er noch 5 cm hoch ist.
Kleben Sie die beiden Schichten zusammen.

1. Den geklebten Streifen der Länge nach vierfach zusammenlegen.

2. Von der geschlossenen Seite her wird nun mit dem Bleistift oder der Scherenspitze eine parallele Linie gezogen, um die Tiefe der Blütenblätter zu markieren.

3. Halten Sie die vier Lagen gut zusammen, und schneiden Sie nun 0,5 cm breite Blütenblätter in den Streifen Kreppapier.
Lassen Sie sich nicht entmutigen – Übung macht den Meister!

4. Mit dem Daumennagel werden nun Rillen in jedes Blütenblatt eingekerbt, das anschließend in Form gebogen wird.

Den Streifen mit den zugeschnittenen Blütenblättern mehrmals um das angedrahtete Staubgefäß legen und mit Wickeldraht fixieren.

Fertigstellen der Margerite:
Der Stengel wird mit grünem, 2 cm breiten Kreppband von oben nach unten umwickelt. Dazwischen arbeiten Sie schmale Blätter ein.

Viele Chrysanthemenarten lassen sich auf dieselbe Weise herstellen. Variiert werden lediglich die Farben der Blütenblätter: Rot, Gelb, Lila, Violett mit zum Teil grünlichen oder schwarzen Staubgefäßen.

Schneiden der Chrysanthemenblätter:

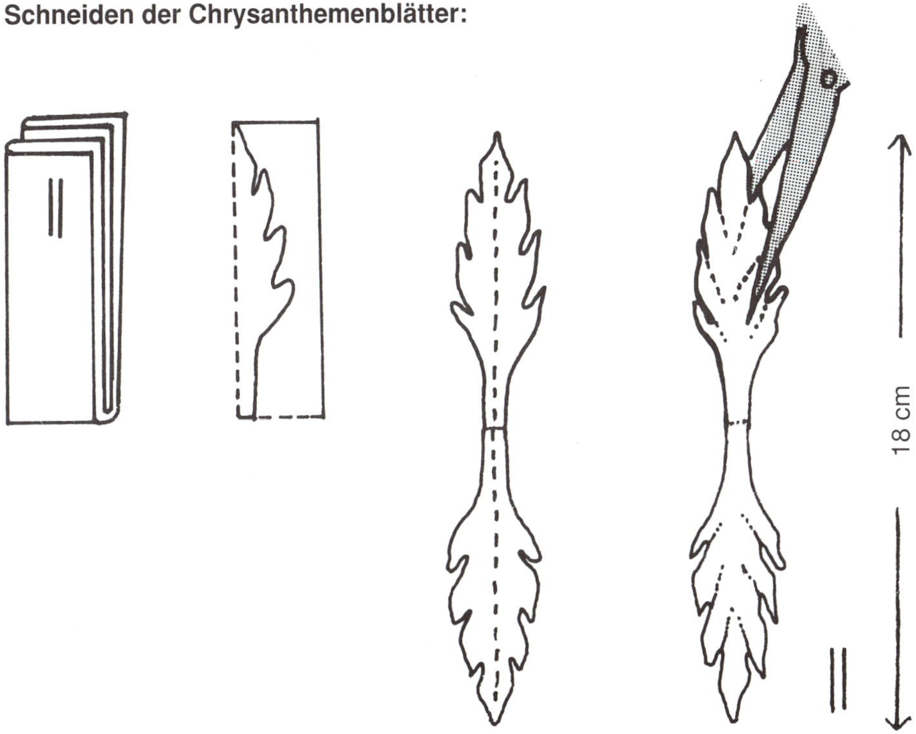

Gerbera

Abbildung Seite 14

Sie werden genauso gearbeitet wie Margeriten.
Diese edlen „Hybriden“ sollte man in Pastellfarben herstellen; sie eignen sich besonders für elegante Gestecke.

Maße:
Die Staubgefäße bestehen aus einem 30 cm langen Streifen und werden flach eingerollt.
Der Blütenstreifen soll mindestens 25 cm lang und 13-15 cm hoch sein.

Aster und Ringelblume

Die Aster ist recht einfach nachzuarbeiten und deshalb auch für Kinder geeignet.
Die Ringelblume läßt sich genauso herstellen, nur werden andere Farben verwendet.

Länge des Streifens 50 cm,
Höhe des Streifens 9 cm.

Den Streifen der Höhe nach zusammenfalten und vierfach legen.
Mit der Scherenspitze wird wie bei der Margerite eine parallele Linie gezogen, um die Tiefe der Blütenblätter anzudeuten.
Nun schneiden Sie, wie auf dem Foto ersichtlich, Fransen in den vierfach gelegten Streifen.
Soll die Blüte geschlossen sein, alle vier Lagen zugleich mit einem Holzspatel etwas nach innen streifen.

Vierfach um die angedrahteten Staubgefäße legen und mit Wickeldraht fixieren.

Die Blütenbasis wird mit einer Zange schräg abgezwickt und wie die Margerite fertiggearbeitet.

Die Rose

Königin der Blumen

Ein Quadrat, etwa 12 cm x 12 cm, legen Sie zum Dreieck zusammen, drehen von der Bruchmitte aus mit der geschlossenen Kante eine Tüte (Stanitzel) und füllen sie mit etwas zusammengeknülltem Kreppapier gleicher Farbe. Wie eine Knospe wird die Tüte auf der Unterseite nun zusammengedreht und angedrahtet.

Selbstverständlich könnte man in Form gedehnte Blütenblätter einzeln anbringen. Gleichmäßiger wird Ihre Rose aber aus einem fortlaufend zugeschnittenen Blütenstreifen.

Legen Sie dazu einen 30 cm langen Streifen von 6 cm Höhe zweimal zur Hälfte zusammen, zuerst auf 15 cm, dann auf 7,5 cm. Wenn Sie den Streifen nun noch dritteln, wird er etwa 2,5 cm breit.

Dann wird durch alle Lagen hindurch die Rundung der Blütenblätter geschnitten.
Der Streifen wird geöffnet; dehnen Sie nun jedes Blütenblatt mit dem Daumen bauchig nach außen.
Die äußeren sieben Bogen werden mit einer Stricknadel formschön nach außen gerollt.
Dann wickeln Sie die zusammenhängenden Blütenblätter um den vorher geformten inneren Teil der Blüte und fixieren das Ganze mit Wickeldraht.

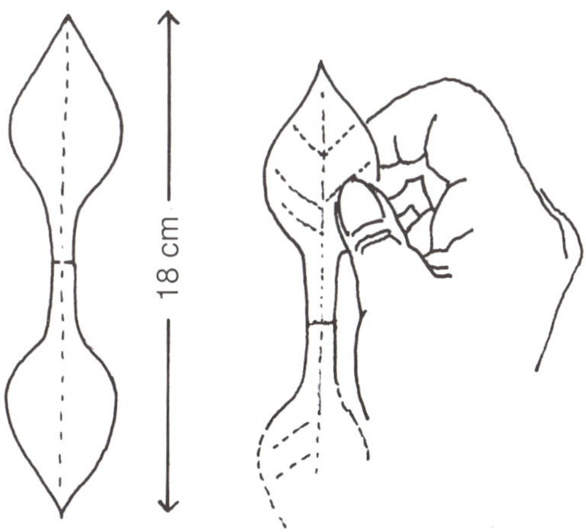

Grüne Kelchblätter, in einem Stück geschnitten, werden mit etwas Klebstoff an der Unterseite der Blüte angebracht. Drücken Sie mit dem Daumennagel die Blattadern ein.

Kornblume

Die Staubgefäße werden aus drei Farben angefertigt (siehe Foto); eingerollt und angedrahtet.

Einen blauen Streifen (Höhe 10 cm, Breite 12 cm) auf halbe Höhe zusammenlegen, so daß er doppelt liegt.

Einmal der Breite nach zusammenfalten, dann zu einem S legen und an den drei Bruchstellen 2 cm tief einschneiden. Gut festhalten und umdrehen!

Die beiden Ecken durch alle Lagen hindurch etwas abkappen.

Nun werden sehr kleine, unregelmäßige Zacken herausgeschnittten. Der Zackenrand wird mit Hilfe der Schere ausgedehnt.

Den Streifen öffnen und durchgehend um die Staubgefäße reihen.

Die 80jährige Maria Rieder vom Ritten (Foto auf der rechten Seite) beherrscht 60 Papierblumen-Arten.

Ihr ist auch die Pompondahlie zu verdanken, die sie aus einer Bordüre entwickelte.

Pompondahlie

Für Nichteingeweihte bleibt die Herstellung dieser täuschend echten Blume ein ewiges Rätsel.
Bald kann aber auch in Ihrer Wohnung die kaiserliche Blume erblühen, wenn Sie die Angaben auf den folgenden Seiten berücksichtigen: Sie müssen eine lange, kunstvoll gedrehte Bordüre einfach waagrecht in einer langen Spirale um die Staubgefäße legen.

Zwei Vorübungen:

- Machen Sie pantomimische Strickbewegungen mit den Händen.
- Nehmen Sie eine Zeitschrift, und tun Sie so, als ob Sie sie zerreißen wollten. Prägen Sie sich dabei die gegengleiche Drehbewegung ein, die Ihre Hände ausführen.

Beim Formen des Randes zu einem wellenartigen Ornament werden die Materialeigenschaften des dehnbaren Kreppapiers auf einmalige Weise ausgenutzt.

Geben Sie nicht auf, wenn es nicht gleich klappt, sondern schlafen Sie eine Nacht darüber, und versuchen Sie es mit frischen Übungsstreifen, bis Ihre Hände wie von selbst ein gleichmäßig abgedrehtes Muster im Papier formen.

Voraussetzung für das Gelingen der Pompondahlie sind festes Krepppapier und ein mittellanger rechter Daumennagel!

Und so wird's gemacht:

1. Schneiden Sie einen 7 cm breiten Streifen von einer Rolle Kreppapier herunter. Halten Sie das 50 x 7 cm lange Stück vor sich in die Luft, und falten Sie die rechte obere Ecke etwas herunter, so daß sich ein Dreieck bildet.

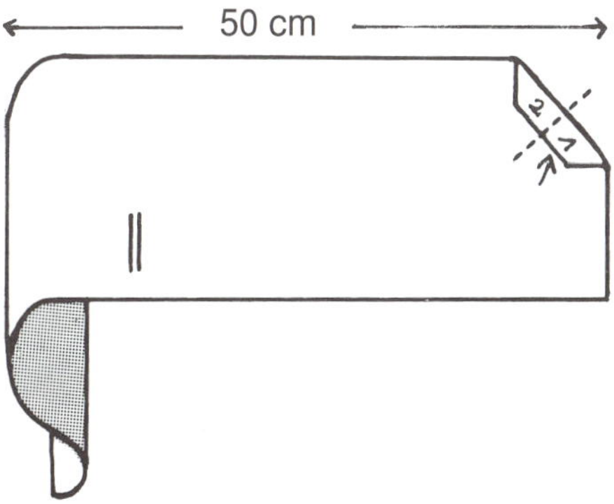

2. Rollen Sie das Dreieck auf halbe Höhe ein. Ihre rechte Daumenkuppe kommt dabei unter 1 zu liegen! Die rechte Zeigefingerspitze liegt auf 1! Auf keinen Fall loslassen!

3. Den linken Daumen auf 2 legen, bis zur Mittellinie, die in der Zeichnung durch eine gestrichelte Linie angegeben ist. Dies ist der Drehpunkt.

4. Geben Sie mit dem linken Zeigefinger von hinten Gegendruck! Alle vier Finger halten nun das Kreppapier um den Drehpunkt wie eine Zange fest!

5. Vollführen Sie nun gleichzeitig mit der rechten Hand eine ruckartige Drehbewegung nach hinten unten, und mit der linken Hand eine ruckartige Drehbewegung nach vorne oben. Sie blikken nun direkt auf Ihren linken Handrücken. Jetzt erst dürfen Sie loslassen!

Der Vorgang wird nun wiederholt:

6. Rücken Sie ca. 1 cm nach links indem Sie mit Daumen und Zeigefinger der rechten Hand an einen neuen Drehpunkt, also der Mitte der neuen Schräge, nachfassen (siehe 2.).
Achten Sie darauf, daß Sie das gebildete Drehmuster nicht gleich beim nächsten Arbeitsschritt zerdrücken.

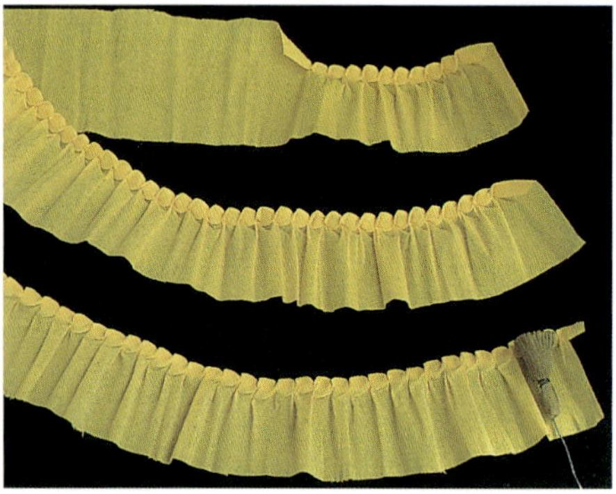

✻

Der Kreppapierstreifen ist durch die vielen schwungvollen Eindrehungen an der Oberkante kürzer geworden und wirkt wie eine geraffte Halskrause.

Drehen Sie die Bordüre um, denn die echten Blütenzacken befinden sich auf der Rückseite (siehe Foto oben, 3. Bordüre) ✻.
Legen Sie die Staubgefäße bereit.

Wickeln Sie nun – durch Drehen des Stengels – die ganze Bordüre spiralenförmig um die angedrahteten Staubgefäße, und fixieren Sie sie mit Wickeldraht. Das Kreppapier darf weder gedehnt noch gerafft werden.
Arbeiten Sie etwas breiter geschnittene Blätter in den Stengel ein.

Blumenzentrum:
3 gelbe Streifen schneiden:
Höhe 12 cm, Breite 3 cm.

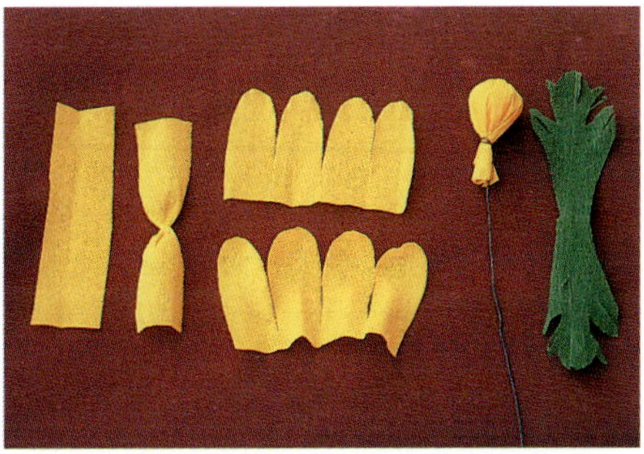

1. Den ersten Streifen in der Mitte 1 x abdrehen wie eine Fliege. Die beiden Enden zusammendrehen, die Form also schließen, und den mittleren Teil zu einem „Ballon“ ausbuchten.

2. Aus dem zweiten Streifen ebenfalls einen „Ballon“ herstellen und versetzt über den ersten „Ballon“ legen. Die beiden unteren Enden mit den ersten verbinden und zusammendrehen.

3. Mit dem dritten Streifen wie mit dem zweiten verfahren.
Das so entstandene Blumenzentrum wird nun angedrahtet.

Blütenblätter:
Einen gelben Streifen, 15,5 cm x 5 cm, dreimal zusammenlegen und durch alle Lagen hindurch bis auf 1 cm einschneiden.
Die geschlossene Seite stellt den unteren Teil der Blüte dar.
Drehen Sie den Streifen um, und schneiden Sie durch alle Lagen hindurch die Rundung der Blütenblätter zu.
Öffnen Sie das Ganze, und buchten Sie jedes Blütenblatt einzeln etwas aus. Dann wird der Streifen in zwei Teile geschnitten.
Der vorbereitete „Ballon“ wird versetzt mit den Blütenblättern umgeben.
Mit feinem Wickeldraht binden Sie die Blütenblätter am „Ballon“ fest.

Anemone

Blumenzentrum:
Drehen Sie aus schwarzem Krepppapier eine erbsengroße Kugel, die Sie mit demselben Material überziehen. Die Oberseite sollte schön glatt sein. Unten abdrehen.
Mit drei Reihen schwarzen, fortlaufend geschnittenen Staubgefäßen umgeben Sie diese kleine Kugel. Die Staubgefäße dürfen etwa 2-3 mm vorstehen. Unten wieder abdrehen und andrahten.

Blütenblätter:
Dazu verwenden Sie einen Streifen mit den Maßen 18 cm x 5 cm.
Wählen Sie eine Farbe, die echten Anemonen möglichst entspricht.
Der Zuschnitt erfolgt wie bei der Trollblume (Seite 25).
Umgeben Sie nun die Staubgefäße mit den jeweils vier zusammenhängenden, etwas bauchig gedehnten Blütenblättern. Achten Sie darauf, daß sie versetzt angeordnet werden.
Für die Blütenbasis können Sie etwas Klebstoff verwenden. Mit feinem Wickeldraht fixieren.
Die Blütenbasis zurechtschneiden und den Stengel umwickeln. Nach etwa 3 cm bringen Sie ein stilisiertes Blatt an (etwa wie jenes Knospenblatt von Seite 11), das Sie nach Fertigstellung der Anemone behutsam ausstreifen.

Mohnblume

Das Blütenzentrum wird wie bei der Anemone (Seite 26) hergestellt.
Die Blütenblätter werden aus einem Teil herausgeschnitten: Höhe 12 cm, Breite 10 cm.

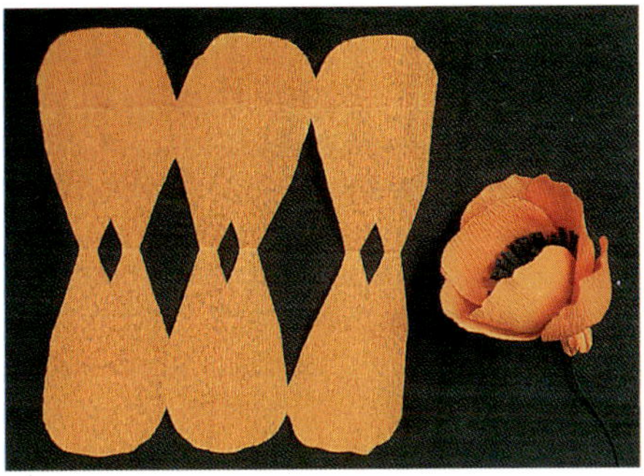

Das Papier der Höhe nach 1 x, der Breite nach 2 x zusammenfalten. Nun wird die Blütenform ausgeschnitten: Unten schmäler, oben etwas ausladend. Die Teile versetzt um die Staubgefäße legen.

Mit Wickeldraht versehen und wie die Anemone fertigstellen.

Tip: Wer viel Übung hat, benötigt keinen Wickeldraht mehr. Sie gestalten die Blüten frei in der Hand und arbeiten als Abschluß der Blütenbasis lediglich den Stengeldraht ein, den Sie fest zusammendrehen.

So wird Kreppapier hergestellt

Bei der Kreppherstellung in der Fabrik wird weißes, dünnes Seidenpapier durch ein beheiztes Tauchbad gezogen.

Die Farbflotte in diesem Tauchbad enthält Zusätze, um das Durchfärben zu erleichtern.

Anschließend läuft das gefärbte Papier über Quetschwalzen auf den verchromten Kreppzylinder, der auf einer Temperatur zwischen 80 und 120° gehalten werden muß.

Das Papier klebt durch die teilweise Trocknung am Zylinder fest und wird mit einem Schaber, der der jeweiligen Papierqualität angepaßt ist, abgeschabt.

Die Struktur des Kreppapiers wird durch die Restfeuchtigkeit und den Kreppschaber gesteuert, während die Dehnung durch die unterschiedliche Geschwindigkeit von Kreppzylinder und Trockenfilz beeinflußt wird.

Zur Erhaltung der Querfalten muß Kreppapier mehr „geschoben" als gezogen werden.

Die Papierqualität sollte einseitig glatt sein.

Tönen des Papiers

Kreppapier können Sie noch natürlicher gestalten, wenn Sie zwei Farben ineinanderfließen lassen.

Bei Nelken kann man zum Beispiel Rot mit Weiß, bei Rosen Rosa mit Rot schattieren.

Und so wird's gemacht:
Nehmen Sie zwei Bogen Kreppapier in den gewünschten Farben, und schneiden Sie von den noch gefalteten Packungen durch alle Lagen hindurch ein entsprechendes Stück ab.

Legen Sie beide Lagen deckungsgleich aufeinander, so daß die Schnittkanten auf gleicher Höhe sind. Dann tauchen Sie die beiden Lagen ca. 2 cm tief in Wasser. Sie sollten dabei Gummihandschuhe tragen.

Damit die Farben ineinanderfließen können, müssen Sie nun die Papiere gleichzeitig wie ein Wäschestück auswinden.

Dann legen Sie die feuchten Stücke auf ein Brett und üben mit einer weichen Bürste vorsichtig Druck auf das Papier aus.

Die Papiere etwas öffnen und an einem warmen Ort trocknen lassen.

In Wachs getauchte Blumen

Jede Blume können Sie in Wachs tauchen, am schönsten wird jedoch die Rose.

Geben Sie Paraffin in eine Konservendose, und stellen Sie sie in einen Kochtopf mit Wasser.

Achtung:
Lassen Sie den Topf niemals unbeaufsichtigt auf dem Herd, und erhitzen Sie das Paraffin nicht zu stark!

Sobald die richtige Temperatur erreicht und das Wachs geschmolzen ist, Wärmezufuhr drosseln.

Versuchen Sie dieses Experiment am besten vorher mit einer Probeblume.

Halten Sie sie am Draht (Stiel), und tauchen Sie den ganzen Blütenkopf „kopfüber“ für 1-2 Sekunden ins heiße Wachs.

Abtropfen lassen und erst nach dem Erkalten den Stengel umwickeln und die Blätter einsetzen.

Der Effekt ist der eines Kunstwerks – porzellanartig und edel.

Stockrose

Mit einiger Übung sind Sie sicher in der Lage, selber eine Blume aus Ihrem Garten nachzuempfinden.
Versuchen Sie es doch einmal mit einer Malve (Stockrose).
Tauchen Sie zuvor das Papier vorsichtig in Wasser, und lassen Sie es im leicht vorgeheizten Backofen langsam trocknen. Das ergibt einen interessanten Kräuselungseffekt.
Aber Achtung: Der Backofen muß dabei ständig unter Ihrer Aufsicht stehen.

Detailaufnahme

Narzisse

Wagen Sie sich doch einmal an andere Blüten, die Ihnen die Natur in Ihrem Garten in vielfältiger Pracht zeigt. Die Narzisse zum Beispiel...

Im Frech-Verlag sind zahlreiche andere Titel zum Thema „Blumen" erschienen:

Armin Täubner
Blumenzauber. Fensterbilder in Scandinavian Art.
Anspruchsvoll, ganz in der Tradition der skandinavischen Ursprünge nachgearbeitet. Doch die Mühe lohnt sich. Natürliche Motive mit kräftigen, aber sparsam eingesetzten Farben.
Mappe DIN A5, Farbfotos, Anleitung und Vorlagen
TOPP 1443 ISBN 3-7724-1443-5

Lisbet Braren-Weinrich
Aquarellmalerei Blumenmotive
Der große Erfolg des ersten Bandes ermunterte die Autorin, einen zweiten folgen zu lassen. In der gewohnten Gründlichkeit und Anschaulichkeit lehrt sie das Aquarellieren von Blumen. Dabei geht es allerdings ausschließlich um Blumen „im Haus".
72 Seiten, 47 Farbfotos
TOPP 1162 ISBN 3-7724-1162-2

Anneliese Geiger
Raumschmuck aus getrocknetem Naturmaterial
Die Natur künstlerisch empfinden, das heißt auch, Naturmaterial zu sammeln und daheim neu zu komponieren. Die Autorin gibt Tips zum Pflanzenarrangement. Eine Hommage an die Natur und ein Schmuck fürs eigene Heim.
32 S. mit vielen Farbfotos
TOPP 1507 ISBN 3-7724-1507-5